BEI GRIN MACHT SICH IHR WISSEN BEZAHLT

- Wir veröffentlichen Ihre Hausarbeit,
  Bachelor- und Masterarbeit

- Ihr eigenes eBook und Buch -
  weltweit in allen wichtigen Shops

- Verdienen Sie an jedem Verkauf

Jetzt bei www.GRIN.com hochladen
und kostenlos publizieren

Bibliografische Information der Deutschen Nationalbibliothek:

Die Deutsche Bibliothek verzeichnet diese Publikation in der Deutschen National-
bibliografie; detaillierte bibliografische Daten sind im Internet über http://dnb.d-
nb.de/ abrufbar.

Impressum:

Copyright © 2017 GRIN Verlag
Druck und Bindung: Books on Demand GmbH, Norderstedt Germany
ISBN: 9783668680258

Dieses Buch bei GRIN:

https://www.grin.com/document/419392

Sebastian Otto

Leben in der Großstadt. Leben in der Kleinstadt. Ein Vergleich

GRIN Verlag

EIN VERGLEICH AUSGEWÄHLTER ASPEKTE AN DEN
NACHBARSTÄDTEN KÖLN UND KERPEN.

Erdkunde – Grundkurs

INHALTSVERZEICHNIS

Als Thema meiner Facharbeit habe ich den Städtevergleich von Kerpen und Köln gewählt. Ich habe dieses Thema gewählt da es aktuell für viele Menschen wichtig ist in eine Großstadt zuziehen. Deshalb möchte ich die Gründe analysieren warum so viele Menschen in einer Großstadt wie Köln Leben wollen und nicht mehr in Kleinstädten wie Kerpen.

In Kapitel eins analysiere ich die Lebensqualität um auf allgemeingültige Kriterien zu kommen mit denen ich dann Köln und Kerpen vergleichen kann. Dies stellte sich jedoch als schwieriger heraus als anfangs gedacht.

In Kapitel zwei Definiere ich kurz den Unterschied zwischen einer Großstadt und einer Kleinstadt um dann in Kapitel drei den Städtevergleich durchzuführen.

Lebensqualität beschreibt die Zufriedenheit und das Wohlbefinden eines Menschen in seinem „Wohnraum". Um nun Lebensqualität zu bestimmen und genaue Kriterien zu erhalten, mit denen sich Lebensqualität messen lässt muss man wissen, dass sich Lebensqualität in zwei Bereiche unterteilen lässt. Die der objektiven Lebensqualität, die „gesellschaftliche Rahmen und Lebensbedingungen beschreibt" und die der subjektiven Lebensqualität die das hervorrufen von Glück und Zufriedenheit durch die Erfüllung grundlegender Bedürfnisse beschreibt. [1]

---

[1] Dr. Dorothea Wiktorin, et al. „Was ist Lebensqualität?". Praxis Geographie März 2007: 29

Es gilt allerding zu beachten, dass Lebensqualität eigentlich nur von der subjektiven Lebensqualität abhängig ist und die objektive Lebensqualität nur dazu dient, Kriterien zu liefern, die zur Abwägung von zum Beispiel städtebaulichen Maßnahmen dienen.[2] Somit ist die objektive Lebensqualität genau der Punkt, der im Folgenden analysiert wird.

2.1 SUBJEKTIVE LEBENSQUALITÄT

Bei der subjektiven Lebensqualität wird es nun etwas schwieriger Bedürfnisse zur Bewertung zu nennen. Denn hier steht im Vordergrund die subjektive Empfindung eines Einzelnen. Diese ist oft abhängig von Faktoren wie Erziehung und Lebensumfeld in der Kindheit, sowie Bildung oder Medien, Also unserer „Persönlichen und Gesellschaftlichen Umwelt"[3]. So hat jeder seine ganz eigenen Bedürfnisse und hier wird es dann problematisch, wenn man eine Verallgemeinerung der Lebensqualität erstellen möchte. Denn für den einen ist es schön, in der Stadt mit vielen Menschen zu leben und in einer kleinen Wohnung zu wohnen, wo gerade so Platz für alles ist, da er von hier nicht weit bis zur Arbeit brauch. Jedoch für den nächsten können wieder ganz andere Bedürfnisse im Vordergrund stehen.

So setzt sich die subjektive Lebensqualität aus der eigenen Wahrnehmung, geprägt durch Erziehung, soziales Umfeld, usw., der objektiven Lebensqualität zusammen.[4]

---

[2] Maderthaner, Rainer. „Wohlbefinden und Lebensqualität". Psychologie in Österreich 17. 2.1997. 62-65. 21.10.16

[3] Korczak, Dieter. Seite 11. Lebensqualität-Atlas. Springer Verlag, 2013

[4] Korczak, Dieter. Lebensqualität-Atlas. Springer Verlag, 2013

Der Artikel „Wohlbefinden und Lebensqualität" von Rainer Mardethaner fasst auf der Basis der Forschung von Karczek die wichtigsten Indikatoren für objektive Lebensqualität zusammen:

In einer aktuellen Erhebung der Lebensbedingungen in den alten und neuen Bundesländern Deutschlands schlägt Korczak (1995) die Erfassung von neun Indikatoren zur objektiven Lebensqualität vor: 1. Soziale und natürliche Umwelt, 2. Wohlstand, 3. Kultur, 4. Sicherheit, 5. Versorgung, 6. Gesundheit, 7. Freizeit, 8. Ernährung und 9. Freiheit.[5]

Zudem liegt noch eine Tabelle mit der Auflistung von sechs Hauptindikatoren, die den ersten sechs Punkten der eben genannten Kriterien entsprechen, bei. Die von Korczak bestimmten 44 Einzelindikatoren sind in der Tabelle in die sechs Hauptindikatoren eingeordnet.[6]

Umwelt	Wohlstand	Kultur	Sicherheit	Versorgung	Gesundheit
• Bevölkerungsdichte	• Lohn-/Gehaltssumme	• Erholungsfläche	• Verkehrsun-fälle (insgesamt)	• Kindergartenplätze	• Geburtenrate
• Kinderquote					• Sterblichkeitsrate
• Seniorenquote					
• Niederschlag	• Arbeitslosigkeit	• Kinos	• Tödliche Verkehrsunfälle	• Altenheimplätze	• Säuglingssterblichkeit
• Temperatur					
• Siedlungs- und Verkehrsflä-che					• Morbidität: Psychiatrische Erkran-kungen
• Landwirtschaftsfläche	• Sozialhilfeempfänger	• Theater	• Straftaten gegen das Leben	• Arztdichte	
• Waldfläche				• Krankenhäuser	• Mortalität: Krebs-erkrankungen
• Wasserfläche	• Lebenshaltungs-kosten				
• Trinkwasser					
• SO$_2$-Immissionen		• Bibliotheken	• Sexual-verbrechen	• Schulden-beratungsstellen	
• NO$_2$-Immissionen					• Mortalität: Kreislauferkrankungen
• Ozon-Immissionen	• Mietspiegel				
• Schwebstaub-Immissionen					
• Kernkraftwerke / Standort				• Ehe-, Familien- und Sozialberatungsstellen	• Mortalität: Atem-wegserkrankungen
	• Baulandpreise	• Museen	• Rohheitsdelik-		

Abbildung 1: Die 6 Indikatoren der objektiven Lebensqualität und Zuordnung der 44 Einzelindikatoren nach Korczak (1991)

---

[5] Maderthaner, Rainer. „Wohlbefinden und Lebensqualität". Psychologie in Österreich 17. 2.1997. 62-65. 3.12.16

[6] Maderthaner, Rainer. „Wohlbefinden und Lebensqualität". Psychologie in Österreich 17. 2.1997. 62-65. 3.12.16

Aus der obengenannte Tabelle lassen sich die Kriterien anhand von Kerpen und Köln vergleichen. 1. Bevölkerung ist eine Zusammenfassung der Kriterien Kinderquote, Seniorenquote und Bevölkerung allgemein aus dem Bereich Umwelt. 2. Mietpreise / Wohnungspreise sind aus dem Bereich Wohlstand entnommen. 3. Grünfläche setzt sich aus den Kriterien Waldfläche vom Bereich Umwelt und Erholungsfläche vom Bereich Kultur zusammen. 4. Freizeitaktivität fasst den kompletten Punkt Kultur zusammen. 5. Kindergärten / Schulen nimmt aus dem Bereich Versorgung das Kriterium Kindergartenplätze auf zudem ist die Schulvielfalt sowie -dichte wichtig. 6. Verkehrsanbindung ist zwar in der Tabelle nicht aufgelistet, ist allerdings nicht zu vernachlässigen. Die anderen Kriterien werden in dieser Facharbeit nicht beachtet. Zudem lässt sich auch noch anmerken, dass die Auflistungen der Kriterien einige eigentlich ebenso wichtige Kriterien wie zum Beispiel Arbeitsplätze und wie eben schon genannt sogar Schulen außen vorlässt.

3 GROẞSTADT UND KLEINSTADT

Um eine Großstadt von einer Kleinstadt zu unterscheiden, benutzt das Bundesinstitut für Bau -, Stadt – und Raumforschung die Einwohnerzahl. Eine Stadt mit über 100.000 Bewohnern wird als Großstadt bezeichnet, Von 100.000 bis 20.000 ist es eine Mittelstadt und von 20.000 bis 10.000 Einwohnern wird es als Kleinstadt definiert[7].

---

[7] Milbert, Antonia. „Stadt- und Gemeindetypen in Deutschland". Laufende Stadtbeobachtung – Raumabgrenzung. Bundesinstitut für Bau -, Stadt – und Raumforschung. 9.11.16.
http://www.bbsr.bund.de/BBSR/DE/Raumbeobachtung/Raumabgrenzungen/StadtGemeindetyp/StadtGem
eindetyp_node.html;jsessionid=22EBA7BF5B20334D067CEB7AC31D23B3.live21301#Start

3.1 KÖLN

Köln gehört mit 1.069.192[8] Bewohnern nach der Definition des Bundesinstituts für [...] Raumforschung[9] zu den 15 größten Großstädte Deutschlands. Somit ist Köln in diesem Vergleich besonders interessant, da Köln schon zu den Millionenstädten zählt. In Deutschland ist Köln die viertgrößte Stadt[10] und weltweit liegt Köln auf dem 304. Platzt [11]. Alle Stadteile von Köln werden als Ganzes Analysiert, da sie alle zusammenhängen.

3.2 Kerpen

Kerpen hat nur 66.850[12] Einwohner, und zählt somit eigentlich zu den Mittelstädten. Da nur der Stadtteil Kerpen (14.921)[13] analysiert wird, kann man auch Kleinstadt sagen. Kerpen funktioniert auch als eigene Kleinstadt und bietet allein genügend Analysemöglichkeiten.

---

[8] Stadt Köln. „Einwohnerentwicklung 2015". Bevölkerung und Haushalte. Amt für Stadtentwicklung und Statistik. 9.11.16. http://www.stadt-koeln.de/politik-und-verwaltung/statistik/bevoelkerung-und-haushalte

[9] Milbert, Antonia. „Stadt- und Gemeindetypen in Deutschland". Laufende Stadtbeobachtung – Raumabgrenzung. Bundesinstitut für Bau -, Stadt – und Raumforschung. 9.11.16. http://www.bbsr.bund.de/BBSR/DE/Raumbeobachtung/Raumabgrenzungen/StadtGemeindetyp/StadtGemeindetyp_node.html;jsessionid=22EBA7BF5B20334D067CEB7AC31D23B3.live21301#Start

[10] Statista. „Die größten Städte in Deutschland nach Einwohnerzahl zum 31. Dezember 2015". Statista, das Statistik Portal. 31.12.15. Statista. 9.11.16. https://de.statista.com/statistik/daten/studie/1353/umfrage/einwohnerzahlen-der-grossstaedte-deutschlands/

[11] Herrmann, Prof. Dr. Dr. h.c Franz J. „TABELLEN – DIE 308 GRÖSSTEN STÄDTE der WELT 2014 – Teil 3". Der Wissenschaftliche Immobilien – Blog. 1.10.14. TRUST-WI GmbH. 9.11.16 http://immobilien.trust-wi.de/2014/10/tabellen-die-308-grossten-stadte-der-welt-2014-teil-3/

[12] Stadt Kerpen. „Entwicklung der Bevölkerungszahlen in Kerpen". Stadt Kerpen. 9.11.16. https://www.stadt-kerpen.de/index.phtml?La=1&sNavID=1708.34&object=tx%7C1708.854.1&sub=0

[13] Stadt Kerpen. „Entwicklung der Bevölkerungszahlen in Kerpen". Stadt Kerpen. 9.11.16. https://www.stadt-kerpen.de/index.phtml?La=1&sNavID=1708.34&object=tx%7C1708.854.1&sub=0

4.1 BEVÖLKERUNG

Die Bevölkerung wird zur besseren Analyse in drei Gruppen geteilt, die unter 18-Jährigen (Kinder / Jugendliche), die zwischen 18 und 65-Jährigen (Erwachsene) und die über 65-Jährigen (Senioren).

In Kerpen gibt es das Problem, dass es keine Statistik für Kerpen allein gibt, sondern nur für den Kreis Kerpen. Deshalb kann Kerpen nicht allein analysiert werden. In Kerpen gibt es 11742 Kinder, somit sind etwa 15% der Bevölkerung von Kerpen Kinder. Etwa 41.204 Erwachsene leben in Kerpen, wobei die meisten davon zwischen 36 und 55 Jahre alt sind. 70% der Bevölkerung besteht aus Erwachsenen, welche arbeiten gehen können. Die restlichen 15% der Bevölkerung sind Senioren von 65 und älter. Diese relativ ausgeglichene Verteilung sorgt für ein Durchschnittsalter von 43 Jahren Kerpen.[14] Köln ist da fast ähnlich aufgestellt, so leben in Köln 169.711 Jugendlich was ca. 16% der Bevölkerung ausmacht. Mit 711.324 erwachsenen Einwohnern sind ähnlich wie in Kerpen 67% der Bevölkerung arbeitsfähig. 17% der Bevölkerung sind über 65 Jahre alt, das macht 186.896 Menschen. Das Durchschnittsalter ist in Köln etwas niedriger.[15]

---

[14] Thoernich, Ralph. „Demografiebericht". Stadt Kerpen. 20.11.16. https://www.stadt-kerpen.de/media/custom/1708_8521_1.PDF?1430832005

[15] Stadt Köln. Kölner Zahlenspiegel. Stadt Köln. 20.11.16. http://www.stadt-koeln.de/mediaasset/content/pdf15/statistik-standardinformationen/koelner_zahlenspiegel_2016.pdf

Warum die Mietpreise / Wohnungspreise analysiert werden ist selbstverständlich, denn davon hängt am ehesten die Wahl zwischen Land und Stadt ab.

Als erstes werden nun die Mietpreise analysiert und verglichen. Hier lässt sich auch direkt ein großer Unterschied zwischen beiden Städten erkennen, denn in Kerpen bezahlt man im Durschnitt 7,59€ pro m². Das ist zwar noch etwas teurer als der Durschnitt in NRW (7,25€/m²) aber immer noch billiger als der Durschnitt in Deutschland (7,97€/m²).[16] Somit lässt sich also sagen, dass Kerpen nicht besonders teuer ist.

Köln dagegen ist mit 10,91€ pro m² weit über dem Durschnitt von NRW und Deutschland.[17] Hier wird ein Unterschied zwischen einer Millionenstadt und einer Kleinstadt gut sichtbar. Bei den Eigentumswohnungspreis wird noch viel deutlicher ein Unterschied klar.

Die Eigentumswohnungen sind in Kerpen (1462€/m²) fast halb so billig wie im Durschnitt in Deutschland (2691€/m²) und liegen auch noch weit unter dem Durschnitt in NRW (1972€/m²).[18] Kerpen gehört so zu den günstigsten Wohngegenden. Der Unterschied zwischen Köln und Kerpen ist bei den Eigentumswohnungen sehr groß. So bezahlt man in Köln für eine Eigentumswohnung (3766€/m²)[19] schon fast 3-mal so viel wie in Kerpen.

Also lässt sich nun zusammenfassend sagen, dass Kerpen eindeutig die bessere Wahl ist, wenn es um den Preis der Wohnung geht.

---

[16] Pwib Wohnungs-Infobörse GmbH. „Mietspiegel Kerpen 2016". Pwib Wohnungs-Infobörse GmbH. 12.11.16. http://www.wohnungsboerse.net/mietspiegel-Kerpen/5243

[17] Pwib Wohnungs-Infobörse GmbH. „Mietspiegel Kerpen 2016". Pwib Wohnungs-Infobörse GmbH. 12.11.16. http://www.wohnungsboerse.net/mietspiegel-Koeln/5333

[18] Pwib Wohnungs-Infobörse GmbH. „Mietspiegel Kerpen 2016". Pwib Wohnungs-Infobörse GmbH. 12.11.16. http://www.wohnungsboerse.net/immobilienpreise-Kerpen/5243

[19] Pwib Wohnungs-Infobörse GmbH. „Mietspiegel Kerpen 2016". Pwib Wohnungs-Infobörse GmbH. 12.11.16. http://www.wohnungsboerse.net/immobilienpreise-Koeln/5333

4.3 GRÜNFLÄCHEN

Grünflächen bietet Kerpen als Kleinstadt viel mehr als Köln, denn in Kerpen muss man nur 3 Minuten mit dem Auto vom Zentrum ausfahren um zum nächstgelegenen Wald zu kommen[20].

Kerpen ist sehr klein und da Kerpen anders als Köln nicht von anderen Städten umrahmt ist, ist man in Kerpen nur sehr kurz unterwegs bis man in einem Wald spazieren gehen kann. Für alle Fahrradfahrer gibt es außerhalb von Kerpen lange Feldwege zum befahren.

In Köln ist man mit dem Auto vom Zentrum bis außerhalb ca. 20 Minuten unterwegs[21]. Im Gegensatz zu Kerpen gibt es in Köln jedoch eine Menge Parkanlagen z.B.: den Aachener Weiher, den Rheinpark[22] und natürlich nicht zu vergessen den Grüngürtel. So kann man in Köln selber in einem großen Wald wandern.

Die große Parkvielfalt in Köln macht hier den Vergleich etwas schwerer, dennoch wird klar, dass Köln hier eindeutig besser abschneidet aufgrund der großen Parkvielfalt, so ist der eine Park „Einfach ein großes Stück Grün, [mit] viel Platzt zum Chillen und Grillen"[23] und in einem anderen Park kann man an Sandstränden entspannen. Also ist nun offensichtlich, dass um Kerpen zwar viele Grünflächen sind, aber die große Vielfalt in Köln lässt somit Köln besser abschneiden als Kerpen.

---

[20] Google. Google Maps. Google. 13.11.16.
https://www.google.de/maps/dir/50.8699771,6.6949013/50.8789382,6.7103659/@50.8749426,6.6930214,15z/data=!3m1!4b1!4m2!4m1!3e0

[21] Google. Google Maps. Google. 13.11.16.
https://www.google.de/maps/dir/50.9529259,6.8124286/Deutzer+Br%C3%BCcke,+50667+K%C3%B6ln/@50.9466125,6.8211847,12.05z/data=!4m8!4m7!1m0!1m5!1m1!1s0x47bf25b142a979b9:0x769f545f8efc5556!2m2!1d6.9617618!2d50.9362681

[22] Stadt Köln. „Parks und Grünflächen in Köln". Koeln.de. Stadt Köln. 13.11.16.
http://www.koeln.de/koeln/freizeit/parks

[23] Stadt Köln. „Bethovenpark". Koeln.de. Stadt Köln. 13.11.16. http://www.koeln.de/koeln/freizeit/parks

4.4 FREIZEITAKTIVITÄTEN

Der Bereich Freizeitaktivitäten schließt natürlich die Kultur mit ein und deshalb werden Sehenswürdigkeiten und Freizeitangebot in beiden Städten analysiert.

4.4.1 SEHENSWÜRDIGKEITEN

Das Marienfeld etwas außerhalb von Kerpen ist etwas Besonderes, da dort „der Abschluss Gottesdienst mit Papst Benedikt XVI"[24] stattfand. Zudem gibt es in Kerpen einige Schlösser, Burgen und Mühlen an der Erft die von hohem kulturellen Wert sind. Kerpen hat auch ein paar Museen zu bieten, die den kulturellen Wert von Kerpen als Kolpingstadt und Geburtsort von Michael Schumacher veranschaulichen.[25]

Köln schneidet auch wieder bei Weitem besser ab, mit viel mehr kulturellen Sehenswürdigkeiten wie dem Kölner Dom, der Kölner Altstadt und allen Museen[26]. Des Weiteren ist Köln eine Stadt, die von Römern gegründet wurde[27] und so überall in der Stadt noch Überreste aus dieser Zeit zu finden sind.

---

[24] Stadt Kerpen. „Sich wohl fühlen in Kerpen: Das Naherholungsgebiet Marienfeld". Stadt Kerpen. Z.2. 19.11.16. https://www.stadt-kerpen.de/index.phtml?La=1&sNavID=1708.64&object=tx%7c1708.176.1&kat=&kuo=1&sub=0

[25] Stadt Kerpen. Sehenswürdigkeiten in Kerpen. Stadt Kerpen. 19.11.16. https://www.stadt-kerpen.de/index.phtml?La=1&sNavID=1708.64&object=tx%7c1708.879.1&sub=0

[26] Stadt Köln. „Sehenswertes in Köln". Koeln.de. Stadt Köln. 19.11.16. http://www.koeln.de/tourismus/sehenswertes

[27] Stadt Köln. „Geschichte". koeln.de. Stadt Köln. 19.11.16. http://www.koeln.de/veedel/innenstadt/geschichte_33109.html

4.4.2 FREIZEITANGEBOTE

Kerpen biete, obwohl es eine Kleinstadt ist, ziemlich viel an Freizeitangebote. Es gibt dort zwei Kinos, jede Menge Geschäfte zum Einkaufen und auch einige Restaurants. Außerdem gibt es neun Verschiedene Sportplätze von denen vier Turnhallen sind und sogar ein Hallenbad.[28] Zudem gibt es ganz in der Nähe von Kerpen eine Kartbahn und sogar eine Golfanlage.[29] Kerpen biete dazu auch noch eine große Bücherei, viele Erholungsorte, Jugendgruppen für Kinder sowie weite Wanderwege.[30]

Köln dagegen bietet natürlich wieder viel mehr als Kerpen, denn es gibt Unmengen an Kinos, Geschäften zum Einkaufen und unglaublich viele Restaurants. Des Weiteren kann man zum Beispiel auch eine Schiffstour machen oder den Zoo besuchen.[31] Köln bietet außerdem eine so riesige Vielfalt an Sportvereinen, dass es fast schon schwer fällt nichts Passendes zu finden. Außerdem gibt es in Köln einige Wandermöglichkeiten und sonstige Sportaktivitäten wie Klettern.[32]

Also ist man in Köln auch wieder besser versorgt als in Kerpen.

---

[28] Stadt Kerpen. „Sportstädte". Stadt-kerpen.de. Stadt Kerpen. 20.11.16.
https://www.stadt-kerpen.de/media/custom/166_4676_1.PDF?1179758698

[29] Stadt Kerpen. „Freizeitaktivitäten in Kerpen". Stadt-kerpen.de. Stadt Kerpen. 20.11.16.
https://www.stadt-kerpen.de/index.phtml?La=1&sNavID=1708.32&object=tx%7c1708.940.1&sub=0

[30] Stadt Kerpen. Freizeit und Ferien. Stadt Kerpen. 20.11.16. https://www.stadt-kerpen.de/index.phtml?sNavID=1708.32&La=1 (hier habe ich nur den Oberpunkt aufgelistet, da es sonst zu viel werden würde)

[31] Stadt Köln. „Ausflüge". koeln.de. Stadt Köln. 20.11.16. http://www.koeln.de/koeln/freizeit/freizeit_von_az

[32] Stadt Köln. Freizeitsport. Stadt Köln. 20.11.16. http://www.koeln.de/koeln/freizeit/freizeitsport

Der Vergleich von Kindergärten / Schulen in Kerpen und Köln ist etwas schwierig, da Köln vielmehr Schulen / Kindergärten als Kerpen hat, allerdings Kerpen auch viel kleiner ist. Deshalb wird die Schulanzahl und Vielfalt im Hinblick auf die Bevölkerung analysiert um am Ende auf eine eindeutig vergleichbare Zahl zu kommen.

Man berechnet: Anzahl der Kinder pro Anzahl aller Kindergärten und Schulen.

Kerpen ist in diesem Vergleich etwas problematisch, da nur der Stadtteil Kerpen analysiert wird und die Schulen / Kindergärten oft nicht direkt in Kerpen liegen. Also werden Schulen etwas außerhalb von Kerpen auch noch berücksichtigt.

Kerpen bietet sechs Kindergärten[33], die fast ringartig um das Zentrum gelegt sind[34] und somit von überall in Kerpen gut und schnell zu erreichen sind. Grundschulen bietet Kerpen dagegen nur drei[35] die im östlichen Teil von Kerpen[36] liegen. Für kleine Kinder die im westlichen Teil von Kerpen wohnen ist das ziemlich ungünstig, da man hier im extremsten Fall ca. 20 Minuten [37] unterwegs ist. Kerpen hat im Bereich der weiterführenden Schulen ziemlich viel zu bieten, denn es gibt eine Hauptschule mitten in Kerpen, eine Realschule etwas außerhalb von Kerpen und ein Gymnasium am nördlichen Stadtrand[38]. Zudem gibt es in Kerpen noch eine Förderschule und eine

---

[33] Servicetelefon Jugendamt - Abt. Kindertagesbetreuung. Kita-Navigator. Servicetelefon Jugendamt - Abt. Kindertagesbetreuung. 19.11.16. https://kerpen.kita-navigator.org/suche/ergebnisse/

[34] Google. Google Maps. Google. 19.11.16. https://www.google.de/maps/search/Kerpen+Kinderg%C3%A4rten/@50.8715303,6.6788798,14z

[35] Stadt Kerpen. Grundschulen. Stadt Kerpen. 19.11.16. https://www.stadt-kerpen.de/index.phtml?La=1&sNavID=166.408&object=tx%7c1708.1135.1&sub=0

[36] Google. Google Maps. Google. 19.11.16. https://www.google.de/search?q=Kerpen+Grundschulen&ie=utf-8&oe=utf-8&client=firefox-b&gfe_rd=cr&ei=1y4wWJOnKvPG8AeEjlG4Ag#safe=active&q=Kerpen%20Grundschulen&rflfq=1&rlha=0&rllag=50865453,6724739,2017&tbm=lcl&tbs=lf:1,lf_ui:2,lf_pqs:EAE&fll=50.86898117245721,6.69145069 1400178&fspn=0.024213117870488077,0.023088735453621112&fz=15&oll=50.8828595,6.67413435&ospn=0.07191547072561377,0.20394107107500759&oz=11&qop=1&rlfi=hd:;si:

[37] Google. Google Maps. Google. 19.11.16. https://www.google.de/maps/dir/50.8697078,6.6796481/Evangelische+Grundschule+Kerpen+EGS,+K%C3%B6lner+Str.,+50171+Kerpen/@50.8708679,6.6790641,14.75z/data=!4m9!4m8!1m0!1m5!1m1!1s0x47bf3f1487e47b63:0xa5764c22b468ab82!2m2!1d6.6977601!2d50.87176!3e2

[38] Stadt Kerpen. Weiterführende Schulen. Stadt Kerpen. 19.11.16. https://www.stadt-kerpen.de/index.phtml?La=1&sNavID=166.437&object=tx%7c1708.1136.1&sub=0

Berufsfachschule. Abschließend ist zu sagen, dass in Kerpen 2.646 Kinder (0-17 Jahre)[39] auf 14 Einrichtungen kommen das ergibt 189 Kinder pro Einrichtung.

Köln ist hier im Vergleich eigentlich fast ähnlich, denn ca. 600 Kindergärten[40] in Köln sind ähnlich gut verteilt wie in Kerpen. Mit 139 Grundschulen bietet Köln flächendeckend Grundschulen. Des Weiteren gibt es 39 Gymnasien, 23 Realschulen, 17 Hauptschulen und 14 Gesamtschulen. Zudem gibt es noch 22 andere Schulformen (Bsp.: Freie Waldorfschule)[41]. Köln ist hier auch noch etwas Besonderes, da es Universitäten gibt. Die Verteilung der Schulen ist bei weitem nicht so gut wie in Kerpen denn je nachdem wo man wohnt und auf welche Schulform man geht ist man bei weitem länger unterwegs als in Kerpen. Somit kommen auf 169.711 Kinder (0-17 Jahre)[42] 288 Schulen und über 600 Kindergärten. Das ergibt dann einen Wert von 191 Kinder pro Einrichtung.

Um den Vergleich nun zu beenden kann man sagen, dass Kerpen zwar eine minimal bessere Verteilung an Schulen hat, jedoch Kerpen aufgrund der riesigen Auswahlmöglichkeiten, vergleichbar mit der Freizeitaktivität, besser ist.

---

[39] Kdvz Rhein-Erft-Rur. Familien mit Anzahl Kinder Kerpen Ortsteile 2015. Kdvz Rhein-Erft-Rur. 19.11.16. http://offenedaten.kdvz-frechen.de/dataset/ec8cf8c4-7b21-48c4-86f2-b00252ea1abd/resource/ec8cf8c4-7b21-48c4-86f2-b00252ea1abd

[40] Stadt Köln. Kindertageseinrichtungen in Köln. Stadt Köln. 19.11.16. http://www.stadt-koeln.de/leben-in-koeln/familie-kinder/betreuung/suche-nach-kindertageseinrichtungen-koeln

[41] Stadt Köln. Kölner Schulen. Stadt Köln. 19.11.16. http://www.stadt-koeln.de/leben-in-koeln/bildung-und-schule/schulformen/suche-kolner-schulen

[42] Stadt Köln. Kölner Zahlenspiegel. Stadt Köln. 19.11.16. http://www.stadt-koeln.de/mediaasset/content/pdf15/statistik-standardinformationen/koelner_zahlenspiegel_2016.pdf

Den Nahverkehr zu analysieren ist nicht ganz einfach, denn nur zu sagen dort gibt es eine Bahnverbindung und dort nicht reicht nicht aus, also werden auch die Verteilung der Haltestellen berücksichtig.

Durch Kerpen laufen fünf Unterschiedliche Busverbindungen die das gesamte Stadtgebiet abdecken, jedoch kann man im Nord-Westen nur über Sindorf in das Stadt Zentrum kommen. Weitere Verkehrsmöglichkeiten gibt es in Kerpen nicht, aber alle Buslinien halten an dem Bahnhof in Sindorf oder Erftstadt.[43] Da Kerpen sehr klein ist, gibt es oft keine wirklich sinnvolle Verbindung innerhalb von Kerpen.

Köln ist in diesem Vergleich wie auch bei fast allen davor ein großer Unterschied, da durch Köln mehrere Bahnlinien durchgehen, mit einem Bahnhof mit Verbindung zu anderen großen Städten, zum Beispiel mit dem Thalys [44]. Des Weiteren gibt es in Köln ein riesiges Straßenbahnnetzt und sogar U-Bahnen. [45] Während in Kerpen das Nahverkehrsnetz noch sehr übersichtlich war, ist es in Köln so gut ausgebaut, dass das Aufzählen aller Linien für dieses Thema zu viel wäre.

Es lässt sich aber trotzdem zu dem Ergebnis kommen, dass Köln im Vergleich besser ist, da man schnell zu vielen unterschiedlichen Orten innerhalb von Köln kommt und auch schnell mit der Bahn in anderen Städten ist.

---

[43] Stadt Kerpen. Bahnen in Kerpen. Stadt Kerpen. 19.11.16.
https://www.stadt-kerpen.de/media/custom/1708_8598_1.PDF?1433320221

[44] Voyages-sncf.com. „Streckenkarte". Voyages-sncf.com. 20.11.16 http://thalys.de.voyages-sncf.com/de/?prex=T_LSP_524DA4F28EAED&s_kwcid=AL!453!3!111362689357!b!!g!!+thalys&ectrans=1&ef_id=WDF%40ewAABL41%40uyb%3A20161120104411%3As

[45] Stadt Köln. „Liniennetzt Köln". Koeln-Hbf.de. 20.11.16.
http://koeln-hbf.de/liniennetz_koeln.html#.WDF_CFyUbd2

Am Ende komme man deshalb zu dem Fazit, dass es sich in Köln vorteilhafter leben lässt als in Kerpen. Denn Köln ist in fünf Bereichen besser als Kerpen, in Bevölkerung, Grünflächen, Kindergarten / Schulen, Verkehrsanbindung. Kerpen ist nur bei den Mietpreisen besser.

Aber in welcher Stadt lebt es sich denn für einen selbst am besten? Diese Frage lässt sich zwar durch diese Erarbeitung allgemein für jeden Einzelnen nicht beantworten, da das eigene Wohlbefinden von der subjektiven Lebensqualität abhängt[46].

Dennoch kann man die herausgearbeiteten Kriterien nutzen und für sich selbst abwiegen um seine eigene ideale Stadt zu finden.

---

[46] siehe 2.1 Subjektive Lebensqualität

6.1 BÜCHER

- Korczak, Dieter. Lebensqualität-Atlas. Springer Verlag, 2013

6.2 ZEITSCHRIFTEN

- Dr. Dorothea Wiktorin, et al. „Was ist Lebensqualität?". Praxis Geographie März 2007: 29
- Maderthaner, Rainer. „Wohlbefinden und Lebensqualität". Psychologie in Österreich 17. 2.1997. 62-65.

6.3 INTERNET

- Google. Google Maps. Google.
  https://www.google.de/search?q=Kerpen+Grundschulen&ie=utf-8&oe=utf-8&client=firefox-b&gfe_rd=cr&ei=1y4wWJOnKvPG8AeEjIG4Ag#safe=active&q=Kerpen%20Grundschulen&rflfq=1&rlha=0&rllag=50865453,6724739,2017&tbm=lcl&tbs=lf:1,lf_ui:2,lf_pqs:EAE&fll=50.86898117245721,6.6914506914001 78&fspn=0.024213117870488077,0.023088735453621112&fz=15&oll=50.8828595,6.67413435&ospn=0.07191547072561377,0.20394107107500759&oz=11&qop=1&rlfi=hd:;si:
- Google. Google Maps. Google.
  https://www.google.de/maps/dir/50.8697078,6.6796481/Evangelische+Grundschule+Kerpen+EGS,+K%C3%B6lner+Str.,+50171+Kerpen/@50.8708679,6.6790641,14.75z/data=!4m9!4m8!1m0!1m5!1m1!1s0x47bf3f1487e47b63:0xa5764c22b468ab82!2m2!1d6.6977601!2d50.87176!3e2
- Google. Google Maps. Google.
  https://www.google.de/maps/search/Kerpen+Kinderg%C3%A4rten/@50.8715303,6.6788798,14z
- Google. Google Maps. Google.
  https://www.google.de/maps/dir/50.8699771,6.6949013/50.8789382,6.7103659/@50.8749426,6.6930214,15z/data=!3m1!4b1!4m2!4m1!3e0
- Google. Google Maps. Google.
  https://www.google.de/maps/dir/50.9529259,6.8124286/Deutzer+Br%C3%BCcke,+50667+K%C3%B6ln/@50.9466125,6.8211847,12.05z/data=!4m8!4m7!1m0!1m5!1m1!1s0x47bf25b142a979b9:0x769f545f8efc5556!2m2!1d6.9617618!2d50.9362681
- Herrmann, Prof. Dr. Dr. h.c Franz J. „TABELLEN – DIE 308 GRÖSSTEN STÄDTE der WELT 2014 – Teil 3". Der Wissenschaftliche Immobilien – Blog. 1.10.14. TRUST-WI GmbH.
  http://immobilien.trust-wi.de/2014/10/tabellen-die-308-grossten-stadte-der-welt-2014-teil-3/

- Kdvz Rhein-Erft-Rur. Familien mit Anzahl Kinder Kerpen Ortsteile 2015. Kdvz Rhein-Erft-Rur. http://offenedaten.kdvz-frechen.de/dataset/ec8cf8c4-7b21-48c4-86f2-b00252ea1abd/resource/ec8cf8c4-7b21-48c4-86f2-b00252ea1abd

- Milbert, Antonia. „Stadt- und Gemeindetypen in Deutschland". Laufende Stadtbeobachtung – Raumabgrenzung. Bundesinstitut für Bau -, Stadt – und Raumforschung. http://www.bbsr.bund.de/BBSR/DE/Raumbeobachtung/Raumabgrenzungen/StadtGemeindetyp/StadtGemeindetyp_node.html;jsessionid=22EBA7BF5B20334D067CEB7AC31D23B3.live21301#Start

- Pwib Wohnungs-Infobörse GmbH. „Mietspiegel Kerpen 2016". Pwib Wohnungs-Infobörse GmbH. http://www.wohnungsboerse.net/mietspiegel-Kerpen/5243

- Pwib Wohnungs-Infobörse GmbH. „Mietspiegel Kerpen 2016". Pwib Wohnungs-Infobörse GmbH. http://www.wohnungsboerse.net/mietspiegel-Koeln/5333

- Stadt Kerpen. Bahnen in Kerpen. Stadt Kerpen. https://www.stadt-kerpen.de/media/custom/1708_8598_1.PDF?1433320221

- Stadt Kerpen. „Entwicklung der Bevölkerungszahlen in Kerpen". Stadt Kerpen. https://www.stadt-kerpen.de/index.phtml?La=1&sNavID=1708.34&object=tx%7C1708.854.1&sub=0

- Stadt Kerpen. „Freizeitaktivitäten in Kerpen". Stadt-kerpen.de. Stadt Kerpen. https://www.stadt-kerpen.de/index.phtml?La=1&sNavID=1708.32&object=tx%7c1708.940.1&sub=0

- Stadt Kerpen. Freizeit und Ferien. Stadt Kerpen. https://www.stadt-kerpen.de/index.phtml?sNavID=1708.32&La=1

- Stadt Kerpen. Grundschulen. Stadt Kerpen. https://www.stadt-kerpen.de/index.phtml?La=1&sNavID=166.408&object=tx%7c1708.1135.1&sub=0

- Stadt Kerpen. Sehenswürdigkeiten in Kerpen. Stadt Kerpen. https://www.stadt-kerpen.de/index.phtml?La=1&sNavID=1708.64&object=tx%7c1708.879.1&sub=0

- Stadt Kerpen. „Sich wohl fühlen in Kerpen: Das Naherholungsgebiet Marienfeld". Stadt Kerpen. Z.2. https://www.stadt-kerpen.de/index.phtml?La=1&sNavID=1708.64&object=tx%7c1708.176.1&kat=&kuo=1&sub=0

- Stadt Kerpen. „Sportstädte". Stadt-kerpen.de. Stadt Kerpen. https://www.stadt-kerpen.de/media/custom/166_4676_1.PDF?1179758698

- Stadt Kerpen. Weiterführende Schulen. Stadt Kerpen. https://www.stadt-kerpen.de/index.phtml?La=1&sNavID=166.437&object=tx%7c1708.1136.1&sub=0

- Stadt Köln. „Ausflüge". koeln.de. Stadt Köln. http://www.koeln.de/koeln/freizeit/freizeit_von_az

- Stadt Köln. „Bethovenpark". Koeln.de. Stadt Köln. http://www.koeln.de/koeln/freizeit/parks

- Stadt Köln. „Einwohnerentwicklung 2015". Bevölkerung und Haushalte. Amt für Stadtentwicklung und Statistik. http://www.stadt-koeln.de/politik-und-verwaltung/statistik/bevoelkerung-und-haushalte

- Stadt Köln. Freizeitsport. Stadt Köln. http://www.koeln.de/koeln/freizeit/freizeitsport

- Stadt Köln. „Geschichte". koeln.de. Stadt Köln. http://www.koeln.de/veedel/innenstadt/geschichte_33109.html

- Stadt Köln. Kindertageseinrichtungen in Köln. Stadt Köln. http://www.stadt-koeln.de/leben-in-koeln/familie-kinder/betreuung/suche-nach-kindertageseinrichtungen-koeln

- Stadt Köln. Kölner Schulen. Stadt Köln. http://www.stadt-koeln.de/leben-in-koeln/bildung-und-schule/schulformen/suche-kolner-schulen

- Stadt Köln. Kölner Zahlenspiegel. Stadt Köln. http://www.stadt-koeln.de/mediaasset/content/pdf15/statistik-standardinformationen/koelner_zahlenspiegel_2016.pdf

- Stadt Köln. „Liniennetzt Köln". Koeln-Hbf.de. http://koeln-hbf.de/liniennetz_koeln.html#.WDF_CFyUbd2

- Stadt Köln. „Liniennetzpläne 2016". Kvb-Koeln.de. 13.12.2015. Kvb. http://www.kvb-koeln.de/german/fahrplan/linienplan.htmlStadt Köln. „Parks und Grünflächen in Köln". Koeln.de. Stadt Köln. http://www.koeln.de/koeln/freizeit/parks

- Stadt Köln. „Sehenswertes in Köln". Koeln.de. Stadt Köln. http://www.koeln.de/tourismus/sehenswertes

- Statista. „Die größten Städte in Deutschland nach Einwohnerzahl zum 31. Dezember 2015". Statista, das Statistik Portal. 31.12.15. Statista. https://de.statista.com/statistik/daten/studie/1353/umfrage/einwohnerzahlen-der-grossstaedte-deutschlands/

- Servicetelefon Jugendamt - Abt. Kindertagesbetreuung. Kita-Navigator. Servicetelefon Jugendamt - Abt. Kindertagesbetreuung. https://kerpen.kita-navigator.org/suche/ergebnisse/

- Thoernich, Ralph. „Demografiebericht". Stadt Kerpen. https://www.stadt-kerpen.de/media/custom/1708_8521_1.PDF?1430832005

- Voyages-sncf.com. „Streckenkarte". Voyages-sncf.com. http://thalys.de.voyages-sncf.com/de/?prex=T_LSP_524DA4F28EAED&s_kwcid=AL!453!3!111362689357!b!!g!!+thalys&ectrans=1&ef_id=WDF%40ewAABL41%40uyb%3A20161120104411%3As